保护我们的地球
水与水资源

中国出版集团　现代出版社

图书在版编目（CIP）数据

水与水资源／田力编著.—北京：现代出版社,2012.12
（保护我们的地球）（2024.12重印）
ISBN 978-7-5143-0913-3

Ⅰ.①水…Ⅱ.①田…Ⅲ.①水资源—资源保护—青
年读物②水资源—资源保护—少年读物Ⅳ.①TV213.4-49

中国版本图书馆CIP数据核字（2012）第274878号

 保护我们的地球
水与水资源

作　　者	田　力
责任编辑	刘　刚
出版发行	现代出版社
地　　址	北京市朝阳区安外安华里504号
邮政编码	100011
电　　话	(010) 64267325
传　　真	(010) 64245264
电子邮箱	xiandai@cnpitc.com.cn
网　　址	www.modernpress.com.cn
印　　刷	唐山富达印务有限公司
开　　本	700×1000　1/16
印　　张	6
版　　次	2013年1月第1版　2024年12月第4次印刷
书　　号	ISBN 978-7-5143-0913-3
定　　价	47.00元

前言 FOREWORD

　　地球是我们人类赖以生存的家园。以人类目前所认知,宇宙中只有我们生存的这颗星球上有生命存在,也只有在地球上,人类才能生存。自古以来,人类就凭借着双手改造着自然。从古时的大禹治水到今日的三峡工程,人类在为自己的生活环境而不断改造着自然的同时,却又自己制造着环境问题,比如森林过度砍伐、大气污染、水土流失……

　　每个人都希望自己生活在一个舒适的环境中,而地球恰好为人类的生存提供了得天独厚的条件。然而,伴随着社会发展而来的,是各种反常的自然现象:从加利福尼亚的暴风雪到孟加拉平原的大洪水,从席卷地中海沿岸的高温热流到持续多年不肯缓解的非洲高原大面积干旱,再到1998年我国洪水肆虐。清水变成了浊浪,静静的流淌变成了怒不可遏的挣扎,孕育变成了肆虐,母亲变成了暴君。地球仿佛在发疟疾似地颤抖,人类竟然也像倒退了一万年似的束手无措。"厄尔尼诺",这个挺新鲜的名词,像幽灵一样在世界徘徊。人类社会在它的缔造者面前,也变得光怪陆离,越来越难以驾驭了。

　　这套丛书的目的就是为了使广大青少年读者能够全面、系统地认识到我们人类已经或即将面对的各种环境污染问题,唤醒我们爱护环境、保护环境的心,让我们从一点一滴的环保行动做起,从这一刻开始,勿以善小而不为,在以后的生活中多一分关注,多一分共同承担,用小行动保护大地球!

目录 CONTENTS

水资源匮乏

水是生命之源,人类和许多动植物的生命活动都离不开水。虽然地球表面的大部分地方被水包围着,但能够真正被人类利用的水却很少,它们只存在于江河湖泊以及地下水中,所以,有人比喻说,在地球这个大水缸里我们可以利用的水只有一汤匙。

全球水资源现状

在我们生存的地球上,虽然表面积70.8%被水所覆盖,但其中97.5%的水是咸水,无法饮用。在余下2.5%的淡水中绝大部分是人类难以利用的两极冰盖、高山冰川和永冻地带的冰雪,

▲ 冰川是地球上最大的淡水资源,占地球淡水总量的75%,但是这些淡水资源几乎难以利用。

还有一部分淡水埋藏于地下很深的地方,很难进行开采。

有限的淡水

人类可以直接利用的淡水只有地下水、湖泊淡水和河床水,三者总和约占地球总水量的0.77%。目前,人类对淡水资源的用量愈来愈大,除去不能开采的深层地下水,人类实际能够利用的水只占地球上总水量的0.26%左右。

难以利用的淡水

世界上的大江大河并不全都流到人们需要它的地方去，一些地区河网密布，水分过剩；一些地区却无河无湖，水分严重不足。比如美洲亚马马逊河的径流量占南美洲总径流量的60%，但它

△ 亚马逊河的入海量比长江、尼罗河及密西西比河三条世界级大河总的入海量还要多,约占全球河流入海总量的1/6～1/5。

没有流经人口密集的地区,其丰富的水资源无法被充分利用。

淡水分布不均

地球上的淡水不仅非常有限，而且地区分布极不均衡，巴西、俄罗斯、加拿大、中国、美国等9个国家的淡水资源占了世界淡水资源总量的60%，而占世界人口总量 40%的 80多个国家水资源匮乏,其中有近30个国家为严重缺水国,其中非洲就占19个。

 正在排队打水的非洲农民

缺水地区

卡塔尔、科威特、利比亚、马耳他是世界上四大缺水国。而且这种缺水的状况还在不断的恶化着,到2050年,全世界将有30亿人缺水,主要是非洲和中东地区、印度、秘鲁、英国、波兰和我国的部分地区也会受到影响。

威胁农业发展

水资源缺乏威胁农业发展。全球灌溉农业养活着24亿人口，差不多占世界人口的一半。农业用水约占全球淡水用量的70%，在发展中国家甚至达到90%。水资源的短缺会使全球耕地面积逐年减少，危及粮食的供应。

▲ 因为缺水而不断枯萎的果树

 我和环保

我国的南水北调工程，即调长江的水至北方，因为长江是最靠近北方缺水地区而水量又最为丰富的大河。南水北调工程包括东、中、西三条线路，都是各有其功能而又不能互相替代的线路。

环境难民增加

世界很多地区的人们为了水不得不离开自己的土地。自20世纪90年代开始，全世界有3/4的农民和1/5的城市人口全年得不到足够的生活淡水。因缺水而背井离乡的人已超过战争原因。到2025年，全球缺水难民将多达1亿人。

制约经济发展

没有足够的清洁饮用水，人们就无法摆脱贫困，更谈不上经济发展。在非洲撒哈拉沙漠地区、中东和中亚地区，水资源匮乏问题相当严重。索马里、乍得、尼日利亚、斯里兰卡、海地、哥伦比亚、哈萨克斯坦等地的贫困和社会困境也与水资源缺乏有关。

▲ 非洲的水资源危机每年致使6000人死亡，约有3亿非洲人口因为缺水而过着贫苦的生活。对于非洲的许多小乡村来说，水是十分奢侈的东西，每天人们都要步行到很远的地方去打水。

 中东是一个严重的缺水的地区,其主要的水源就是约旦河。

 争夺约旦河

中东地区气候干旱,水资源非常匮乏,这使得各国常因为水资源而发生争端。比如我们在新闻中常常会听到"约旦河西岸"这个词,巴勒斯坦和以色列发生的冲突中,有许多次是为了争夺约旦河。

人工调节

为了更充分的利用仅有的淡水资源,人们通过各种形式进行人工调节,诸如修筑水库、运河、渠道、人工水道等。此外,还用农艺方式,比如垦地、栽树等把水渗透到土壤或地下储存起来,使地表水在一定期间内得到某种程度的再分配。

水库是指在山沟或河流的狭口处建造拦河坝形成的人工湖泊。它不仅是防洪的重要手段,而且可以蓄洪补枯。

跨流域调水

在国外,最早的跨流域调水工程可以追溯到公元前2400年前的古埃及,从尼罗河引水灌溉至埃塞俄比亚高原南部,在一定程度上促进了埃及文明的发展与繁荣。建于2200年前的我国都江堰引水工程引水灌溉成都平原,成就了四川"天府之国"的美誉。

🔺 都江堰

海水淡化

因为淡水资源匮乏,人类将目光投向了浩瀚的海水。现在,许多国家都建立了海水淡化工厂。目前,全球海水淡化的80%用于饮用水,解决了1亿多人的供水问题,即世界上1/50的人口靠海水淡化提供饮用水。

◀ 科威特早在1953年就建起了第一座海水淡化厂。现在,科威特拥有5座大型海水淡化厂,居民生活用水和工业用水完全自给。右图是位于科威特市区东端海滨的世界著名的科威特大塔群,这一塔群如今已成为科威特的标志。

我国水资源现状

我国虽然江河纵横,湖泊众多,但是由于分布不均和人口众多,水的人均占有量是世界人均占有量的1/4,可以说是4个人喝一个人的水,居世界第88位。目前,在我国600多个城市中,有400多个供水不足,其中严重缺水的城市有110个。

消融的冰川

冰 雪消融,在许多人心目中可能是一个春天即将来临的好迹象,但关注气候变化问题的科学家们不无忧虑地指出,全球变暖以及由此带来的冰雪加速消融,正在对全人类以及其他物种的生存构成严重威胁。

冰川是什么

在地球的南北两极和高山上分布着大量的冰川,它是地球上最大的淡水水库,约占全球淡水储量的69%。因为冰川能够在自身重力作用下沿着一定的地形向下滑动,如同缓慢流动的河流一样,所以起名叫冰川。

海浪和潮汐运动对冰川施加压力

冰川流入大海

冰川崩裂,形成冰山

江河之源

冰川的变化受到地球气候变化的影响,同时它也反过来影响着周围的环境。位于中纬度地区的山地冰川就像是一座座水塔,哺育着众多的大江大河,冰川,从某种意义上来说就是江河之源。

惊人的速度

近几十年来，由于气候变暖，全球冰川正以惊人的速度消融。2005 年一年世界冰川的平均厚度减少了 0.5 米，而 2006 年一年中这个数字就变成了 1.5 米。这表明冰川消融的速度正在不断加快。

 加剧气候变暖

按照目前的融化速度，2100 年，两极地区的海上浮冰预计将比现在减少 1/4。届时，北冰洋在夏季可能连一块冰都没有。浮冰的减少会降低这些海域对阳光的反射能力，海水吸收的热量就会增加，这样又进一步加快了全球变暖的速度。

▲ 1980 年以来，世界冰川的平均厚度减少了约 11.5 米，这主要归咎于人类滥用煤炭、石油等燃料引起的气候变暖。

海平面上升

南极洲和格陵兰岛拥有全球98%～99%的淡水冰。如果格陵兰岛冰盖全部融化，全球海平面预计将上升7米。即使格陵兰岛冰盖只融化20%，南极洲冰盖融化5%，海平面也将上升4～5米。

▲ 格陵兰岛

激活"万年病毒"

随着全球升温，一直"沉睡"于南北两极冰川冰层的"万年病毒"将会随着消融的冰水在温暖的环境中重新被"激活"，犹如古希腊神话中的"潘多拉魔盒"被慢慢开启，人类将面临同远古病毒作战的威胁。

▲ 荷兰位于欧洲西部，濒临北海，地势低平，是世界著名的"低地国家"。15世纪时，荷兰曾用风车排水。如今，随着冰川的消融，荷兰面临海水倒灌的危险也加剧了。

吞没家园

冰川消融会导致海平面的上升，海水会淹没沿岸大片地区，荷兰、英国等几十个低洼国家将不复存在。而根据世界上现有的人口规模及分布状况，如果海平面上升1米，全球就将有1.45亿人的家园被海水吞没。

灾害增加

因为世界上数十亿人口饮用冰川融水，依靠冰川水灌溉、发电，因此冰川过度消融会给这些人口带来淡水危机。冰川消融还会给局部地区带来洪水、干旱等自然灾害。一些动植物的生活环境会遭到破坏，人类生存环境也会受到威胁，甚至在水源稀缺的地区酝酿争水冲突。

 冰川的消融，也使极地地区的动植物失去了生活栖息地。

拯救冰川

地球上的冰川以前所未有的速度在消失，这已向人类敲响了警钟。2007 年世界环境日（6 月 5 日）的主题为"冰川消融，后果堪忧"。行动起来吧，减少二氧化碳和其他温室气体的排放量，尊重科学，尊重自然规律，保护环境，因为拯救冰川就是拯救我们人类自己！

◀ 科学家在考察冰山

地下水的灾难

意大利的比萨斜塔是世界建筑史上的奇迹,也是闻名遐迩的旅游景点,它的著名就在于它的斜而不倒。现在,地球上的许多地方都出现了类似这样的建筑物,这是城市地面沉降的危险信号,而人类过分抽取地下水则是"罪魁"。

▽ 地下水是储存在地下岩石空隙中的水,泉就是地下水集中流出地表形成的。

地下水开采

地下水是水资源的重要组成部分,由于水量稳定,水质好,它是农业灌溉、工矿和城市的重要水源之一。我国地下水资源约占水资源总量的 1/3。随着社会经济的发展,人们对地下水的开采量也逐年增加。

 地下水过量抽取，会使地下水位下降，造成地面沉降。

有限的地下水

地下水资源毕竟是十分有限的。过度抽取地下水，也会带来一系列严重后果。当地下水的抽取量远远大于它的自然补给量时，就会造成地下含水层衰竭、地面沉降以及海水入侵、地下水污染等恶果。

地面沉降

因为长期超采地下水，我国长江以南的许多地区都出现了地面沉降的现象，其中上海市是我国发生地面沉降现象最早、影响最大、危害最严重的城市。其他发生地面沉降且灾害影响显著的城市约有50座，其中西安、北京、天津、南京、无锡、宁波、大同、台北等最为严重。

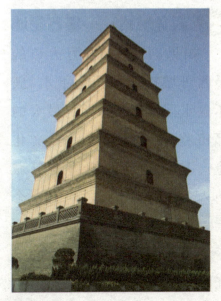

倾斜的大雁塔

陕西西安是我国著名的历史文化名城，西安著名的景点大雁塔由于地下沉陷，向西北方向发生了倾斜，到1996年，大雁塔的倾斜达到了历史的最高值1010毫米，经过各级部门近10年的抢救，大雁塔倾斜的势头得到了遏止，但它现在的倾斜幅度依然超过了1米。

◄ 大雁塔

▲ 上海是我国发生地面沉降现象最早、影响最大、危害最严重的城市。

 ## 地面沉降的危害

　　地面沉降的主要危害是导致地面海拔高度降低，沿海城市对风暴潮的抵抗能力减弱，城市中的建筑物会倾斜或下陷，地下设施和地下管道都会失去作用。沿海的工业城市如果没有相应的保护措施而盲目地大量开采地下水，有朝一日会下沉到海平面以下，被海水淹没。

 因持续抽取地下水，墨西哥城的许多建筑都倾斜了。

濒危城市——墨西哥城

　　如果拥有 1 800 万人口的墨西哥城持续抽干地下水，破坏含水层，这个世界上最大的都市将陷入地下。世界文化遗产基金会已经把墨西哥城纳入"濒危城市"之列。这个巨大的城市在过去 100 年中已下沉了 9.14 米，某些地区的下沉速度则已经达到每年 38 厘米。

地面塌陷

超采地下水造成的地面不均匀沉降，还会引发地裂缝和地面塌陷。在河北平原已发现地裂缝100多条，地裂缝长几米至几百米、宽0.05～0.4米、深可达9米多。秦皇岛、杭州、昆明、贵阳、武汉等城市，都有地面塌陷的发生。

▲ 超采地下水造成的地面塌陷现象。

地面塌陷的危害

秦皇岛市地面塌陷面积达34万平方米，出现塌陷坑286个，坑的最大直径达12米、坑深7.8米。地裂缝和地面塌陷会使建筑物地基下沉、墙壁开裂、公路坏损、农田被毁，严重地影响了工农业生产与居民生活，并造成了很大的经济损失。

我和环保

2003年8月4日，广东阳春市岩溶塌陷造成6栋民房倒塌、2人伤亡、80多户400多人受灾；2000年4月6日，武汉洪山区岩溶塌陷造成4幢民房倒塌，150多户900多人受灾……

▲ 地裂缝现象

13

🥬 海水入侵

在我国沿海地区,因为过度开采地下水,使地下水位急剧下降,导致海水入侵,引起地下水水质恶化,耕地盐化。大连、秦皇岛、烟台、青岛以及江苏等省的一些沿海城市和地区都发生了海水入侵现象,入侵总面积达150平方千米。

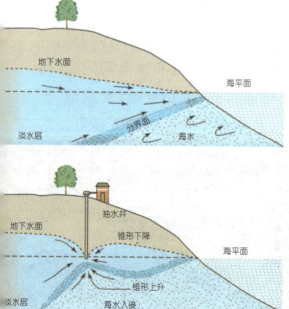

🥬 海水入侵的危害

海水入侵使地下水不同程度的咸化,造成当地群众饮水困难,土地发生盐渍化,多数农田减产20%～40%,严重的达到50%～60%,非常严重的达到80%,个别地方甚至绝产。

加剧土地沙化

在干旱与半干旱地区，尤其是在每年的春、秋、冬季，大量开采地下水，使地下水水位持续大幅度地下降，地表植被生长困难，就加剧了土地的沙化。地下水位的下降使河水大量补给地下水，加速河流的干涸，造成河床及其两岸的土地沙化。

绿洲和草原危在旦夕

在新疆，由于超采地下水，天山北坡和吐哈盆地绿洲边缘植被严重退化，一些片状的沙漠开始合拢。我国第二大优质天然草场——库鲁斯台大草原的植被呈荒漠化发展。新疆塔里木河下游、内蒙古阿拉善地区的沙漠化也主要是由于水资源的不合理开发利用造成的。

▲ 沙漠绿洲

 由于气候变化和人为损毁等原因,这些莫高窟佛教壁画出现褪色和断裂的现象。

 ### 威胁文物

专家介绍,缺水导致的沙漠化加剧了敦煌莫高窟等文物保护的大难题。在莫高窟现存492个洞窟中,已有一半以上的壁画和彩塑出现了起甲、空鼓、变色、酥碱、脱落等病害。

泉城无泉

2002年3月,著名的趵突泉停喷了,这是继1981年趵突泉、黑虎泉等四大泉群停喷以来的第二次停喷,济南又一次遭遇了"泉城无泉"的尴尬。1981年时,济南所用的水源绝大部分为地下水,由于地下水开采过度,泉水停喷,趵突泉泉池都出现了龟裂。

保泉行动

趵突泉、黑虎泉等四大泉群遭遇首次干涸后,济南人民开始了坚持不懈的保泉行动,使济南地下水和地表水的供水比例由过去的7∶3变为了4∶6,泉水开始喷涌了。2002年的再次停喷使泉城人民再次投入到了一场声势浩大的封井保泉行动中,终于,泉水又恢复了往日的生机。

 济南趵突泉

补救措施

防止地面沉降最有效的方法是人工补给地下水,在这方面我国上海走在了世界的前列。上海市自采取人工回灌以来,地面下沉的

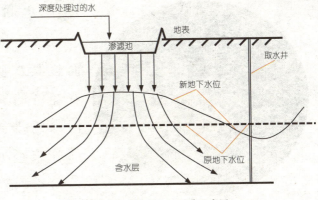

深度处理过的水

地表

渗滤池

取水井

新地下水位

含水层

原地下水位

▲ 利用城市污水进行人工回灌示意图

趋势减缓了许多。补给地下水的方法能延缓地面沉降的速度,甚至能使地面有某些回升,但还是不可能恢复到原来的状况。

 月牙泉的"重生"

自20世纪70年代中期,敦煌地区垦荒造田,抽水灌溉及周边植被破坏、水土流失,导致敦煌地下水位急剧下降,有"沙漠第一泉"之称的月牙泉水位也急剧下降,甚至面临干涸的危险。从2000年开始,敦煌市采取应急措施,在月牙泉周边回灌河水补充月牙泉水,使月牙泉水位得到了不断回升。

▼ 月牙泉

排放到河流中的污水通过
渗透会污染地下水。

 水质污染

地下水不但遭到过度开采，而且其水质也受到了污染。随着经济的发展，工业废水、生活污水的排放量逐年增大。绝大部分未经处理的废污水直接排入河道、流入水库、渗入地下。不仅浅层地下水受到污染，而且中、深层的地下水也遭到了污染。

 垃圾处理不当

有些垃圾填埋场没有对垃圾做防渗处理，而是直接混合掩埋，生活垃圾与工业垃圾、危险废弃物全部就地掩埋。这些垃圾里的有毒有害物质经过雨水的作用，陆续渗透到地下水中，造成地下水污染。

▼ 没有经过处理的垃圾

不易察觉的灾难

地下水埋藏于地面之下，超采地下水造成的危害不像洪灾那样明显，地面沉降、岩溶塌陷、海水入侵、土地沙化以及地下水水质污染的过程缓慢而不易觉察。然而，这些危害一旦形成，将难以逆转，治理与恢复都十分困难，要花费几十年甚至上百年的时间。

 保护地下水

地下水污染后再治理，是不可行的。预防是保护地下水资源的最有效措施，也几乎是唯一措施。还要计划开采、分配使用地下水，严格执行奖罚制度，厉行节约用水，实行限额用水，提倡一水多用，循环用水，同时兴建地下水库，实行人工回灌地下水等措施。

▲ 水利是农业的命脉，长久以来我国农业上采取大水漫灌的浇灌方式，不仅水的利用效率低，而且降低了土壤的抗旱能力。

 美国的具体措施

美国为保护地下水资源采取了许多具体的措施。比如，他们要求水井必须离开化粪池系统、动物饲养场和地下储物罐等污染源一定距离，水井的主人必须在井口周围保持一个约15米的清洁区，让所有有害物质远离水井等。

▲ 生活中随处可见的水资源浪费现象

水污染

浩渺无垠的海洋、奔腾不息的河川、明珠璀璨的湖泊、银妆素裹的冰川和甘醇甜美的清泉等,它们共同组成了地球上丰富多彩的水环境。然而,这些美丽的水体正在经受着污染的威胁,尤其是和人们息息相关的河川和湖泊,日益失去了它们的往日的风采。

产生污染

水是自然环境的重要因素之一,也是人体的重要组成成分。未经处理或处理不当的生活污水和工业废水排入水体,数量超过水体自净能力时就会造成水污染。每个人都可能是污染的制造者,也可能是污染的受害者。

▲ 人为污染

水污染的分类

水污染有两类:一类是自然污染;另一类是人为污染。人为污染对水体的污染更大。水污染还可根据污染杂质的不同而主要分为化学性污染、物理性污染和生物性污染三大类。

污染物

水污染主要由人类活动产生的各种污染物造成的,污染物的种类很多,主要包括未经处理而排放的工业废水和生活污水;大量使用化肥、农药、除草剂的农田污水;矿山污水;堆放在河边的工业废弃物和生活垃圾;还有水土流失也能造成污染。

 工业废水

工业企业遍布全国各地,不少产品在使用中又会产生新的污染,因而工业废水是水域的重要污染源,它具有水量大、污染面积广、成分复杂、毒性大、不易净化、难处理等特点。

△ 工业废水

21

▲ 农药是农业污染源的重要方面。

🌍 农业污染源

　　农业污染源包括牲畜粪便、农药、化肥等。农业污水中不仅农药、化肥含量高，而且有机质、植物营养物及病原微生物含量也很高。

▲ 人类将大量的生活垃圾投入水体，使水体的自净能力大大降低。

🌍 生活污水

　　生活污染源主要是城市生活中使用的各种洗涤剂和污水、垃圾、粪便等，多数是无毒的无机盐。生活污水中含氮、磷、硫多，致病细菌多。现在，90%以上的生活污水未经处理就排入了水域，生活污水也是重要的污染源。

病原体污染

生活污水、畜禽饲养场污水以及制革、洗毛、屠宰业和医院等排出的废水中常含有各种病原体，如病毒、病菌、寄生虫等。水体受到病原体的污染会传播疾病，如血吸虫病、霍乱、伤寒、痢疾、病毒性肝炎等。

▲ 饮用不洁净的水容易引起疾病。

 我和环保

日趋加剧的水污染已经对我们的生存安全构成了重大威胁。全世界每年至少有1 500万人死于水污染引起的疾病，仅痢疾每年就夺走近500万儿童的生命；其中非洲儿童就占100万。

 ## 放射性污染

放射性污染是放射性物质进入水体后造成的。这些放射性污染物可以附着在生物体表面，也可以进入生物体蓄积起来，还可通过食物链对人类产生危害。

 ## 污染物来源

放射性污染物主要来源于核动力工厂排出的冷却水，向海洋投弃的放射性废物，核爆炸降落到水体的散落物，核动力船舶事故泄漏的核燃料；开采、提炼和使用放射性物质时处理不当，也会造成放射性污染。

▶ 核电站

 ## 水土流失造成的污染

我国是世界上水土流失最严重的国家之一,每年因水土流失致使大量农药、化肥流入江河湖海,随之流失的氮、磷、钾等营养元素使2/3的湖泊受到不同程度富营养化污染的危害,从而使水质恶化。

◀ 水土流失

 ## 什么是富营养化

富营养化是指由于水中营养盐类,如氮、磷、钾等元素和有机物质的增多,引起藻类大量繁殖,最终导致水质恶化,生态平衡遭到破坏的现象。

🔺 海滩上被海藻污染的现象

对工农业生产的危害

　　污水对运输和工业生产危害也很大。污水能严重腐蚀船只、桥梁、工业设备，使工业生产投入更多的费用，而且工业产品的质量也会降低。污水还污染了农田和农作物，使农业减产，品质降低，甚至使人畜受害，大片农田遭受污染后会降低土壤的质量。

▲ 污水对农业的危害

 ## 对生态环境的破坏

　　污水中的有机物能消耗水中溶解的氧气，致使需要氧气的微生物死亡，而这些需氧微生物能够分解有机质，维持着河流、小溪的自我净化能力。微生物的死亡会使河水、溪流和湖泊发黑、变臭，给渔业带来巨大的灾难。

▲ 被污染的鸭子

△ 直接饮用污染了的自来水会给人们带来疾病。

 自来水的污染

　　自来水的输水管、高楼的水箱、水塔等经过长年累月的工作，不可避免地会发生腐蚀、管内会结垢、出现沉积物、微生物繁殖等，如果不及时更换和清理，沉积物会越来越多，滋生细菌、病毒等，这样自来水就会遭到污染。

 河流污染

　　地球上有无数大大小小的河流，有的长达五六千千米，有的却只有几千米长。河流是地球上重要的淡水资源，然而，人类的活动将大量的工业、农业和生活的废弃物直接或间接地排入了河流中，使河流受到污染。

 河流污染的特点

　　河流的径流量会影响河流的污染程度，径流量大，污染就轻，反之就重。河流中的污染物扩散快，上游遭受污染会很快影响到下游。因为河流是主要的饮用水源，河流污染后会经饮水危害人类以及通过食物链和灌溉农田危及人类。

▷ 河流沿岸的工厂将污水排入河流，直接污染了河流水体。

 蜿蜒于欧洲大地上的多瑙河发源于德国,流经奥地利、匈牙利、保加利亚、罗马尼亚等10多个国家,是世界上流经国家最多的国际河流,沿岸国家对多瑙河水资源的保护则显得尤为重要。

国际性的污染

由于国际河流流经许多国家,一旦出现污染,河流沿岸的国家都会受到危害,比如欧洲大河多瑙河沿岸的某个国家曾经不慎把剧毒污水流入多瑙河,这些毒水随着河流流到其他国家,引起了沿岸国家的恐慌。

 我和环保

目前,世界上仅存两条健康河流,即南美洲的亚马逊河和非洲的刚果河。这是因为亚马逊河流量最大、流域面积最广,沿岸的居民聚集地和工厂都很少,而刚果河周围地区也没有大规模的工业中心。

湖泊面临威胁

湖泊是地球上水资源的重要组成部分,随着社会的发展和人口的增加,人类过度利用水资源导致了湖泊萎缩、干涸,而向湖泊中大量排放污水、污物,使湖水富营养化,这些都大大减少了湖泊的寿命。

污染形势严峻

目前我国已经有70%的湖泊受到了污染，75%的湖泊出现了不同程度的富营养化。我国主要大淡水湖泊中，污染程度最重的是滇池，其余是巢湖、南四湖、洪泽湖、太湖、洞庭湖、镜泊湖、博斯腾湖、兴凯湖和洱海。

洞庭湖

蓝藻

太湖蓝藻

美丽的太湖一直是无锡人的骄傲，千百年来一直滋养着沿岸的人们，太湖流域更有“鱼米之乡”的美誉。然而，自从20世纪90年代以来，太湖每年都要暴发蓝藻，2007年更是达到了极致，无锡市遭遇了一场严重的用水危机。这都是人类向太湖排入污水造成的。

水草的环保作用

　　水草和藻类是湖泊中的两类主要植物,它们相生相克,若其中一类吸收氮、磷等营养物质多,另一类就吸收得少,生长繁殖受到抑制。所以,如果水中水草丰茂,藻类就不会大量繁殖,保持水质良好。

▲ 环卫人员正在捡垃圾

治理污染,保护水资源

　　保护水资源首先要加强对饮用水源的保护,应禁止在水源地流域范围内发展污染严重的产业来减少污染物的排放。同时要加强对城市污水和工业废水的处理,我们每位公民要增强环保意识,只有这样,污染环境的现象才会越来越少。

工业污水的来源

工业废水是工业生产过程中产生的废水和废液。随着现代化大工业的发展，工业废水的排放量也与日俱增。工业废水是水污染的主要"凶手"，因为工业生产的多样性，所以工业污水的性质也纷呈复杂。

采矿及选矿废水

　　各种金属矿、非金属矿、煤矿开采过程中产生的矿坑废水，主要含有各种矿物质悬浮物和有关金属的溶解离子。硫化矿床的矿水中含有硫酸及酸性矿水，有较大的污染性。选矿或洗煤的废水中含有大量的悬浮矿物粉末或金属离子。

△ 选煤厂产生的废弃物

金属冶炼废水

炼铁、炼钢、轧钢等过程的冷却水及冲浇铸件、轧件的水污染性不大；洗涤水是污染物质最多的废水，如除尘、净化烟气的废水常含大量的悬浮物，经过沉淀后可以循环利用，但酸性废水及含重金属离子的水有污染。

 冶金、造纸、石油化工、电力等工业用水量大，废水量也大。例如有的炼钢厂炼1吨钢出废水约200～250吨。

机械加工废水

机械加工废水中主要含有润滑油、树脂等杂质，而加工各种金属制品所排出废水还含有各种金属离子如铬、锌以及氰化物等，它们都具有剧毒。电镀废水的涉及面很广，且污染性大，是重点控制的工业废水之一。

 一位环境工作者正在对金属矿厂排出的生产废水进行检测。

石油工业废水

石油工业废水主要包括石油开采废水、炼油废水和石油化工废水三个方面。这类废水主要是含油废水、含硫废水和含碱废水，并常夹带相当量的硫化物和酚等杂质。

▲ 被硫化矿残渣污染的湖泊

 化工废水

化学工业包括有机化工和无机化工两大类，化工产品多种多样，成分复杂，排出的废水也多种多样。但多数有剧毒，不易净化，在生物体内有一定的积累作用，在水体中容易使水质恶化。

 造纸废水

造纸工业使用木材、稻草、芦苇、破布等为原料，经高温高压蒸煮而分离出纤维素，制成纸浆。在生产过程中，最后排出原料中的非纤维素部分成为造纸黑液。黑液中含有木质素、纤维素、挥发性有机酸等，有臭味，污染性很强。

▲ 造纸厂垃圾

纺织印染废水

纺织废水主要是原料蒸煮、漂洗、漂白、上浆等过程中产生的含天然杂质、脂肪以及淀粉等有机物的废水。印染废水中含有大量染料、淀粉、纤维素、木质素、洗涤剂等有机物以及碱、硫化物、各种盐类等无机物,污染性很强。

 印染废水

 食品工业废水

食品工业所排出的废水都含有机物和大量悬浮物。动物性食品加工排出的废水中还含有动物排泄物、血液、皮毛、油脂等,并可能含有病菌,因此耗氧量很高,比植物性食品加工排放的废水的污染性高得多。

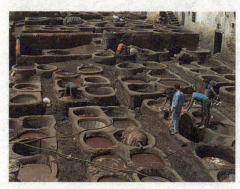

▲ 制革厂的染缸

 皮毛加工及制革废水

这种废水主要包括皮毛和皮革经浸泡、脱毛、清理等加工过程排出的废水,富含丹宁酸和铬盐,有很高的耗氧性,是污染性很强的工业废水之一。

农业污水的来源

现代化农业发展以来，人类为了增加农产品的产量，提高农产品质量，大量地施用化学肥料、杀虫剂、杀菌剂、除草剂等化学药剂，牲畜饲养、农产品加工等生产规模越来越大，农业污水的污染日趋严重，生态平衡受到影响，甚至遭到破坏。

农田径流

喷洒农药及施用化肥，一般只有少量附着或施用于农作物上，其余绝大部分残留在土壤和飘浮在大气中，然后通过降雨、径流进入地表水，造成污染。农药是农业污染的主要方面。

▲ 我国每年有4 000余万吨的化肥和40余万吨的农药被洒进农田，但是利用率平均只有30%～35%，相当一部分进入土壤，渗透到地下水，造成污染。

肉制品产量增加

现在，我们餐桌上的肉产品越来越丰富，当然，人们饲养的鸡、猪、牛、羊等动物的数量也大大增加了，随之而来的则是大量的动物粪便直接排入饲养场附近的水体，造成水体污染。

🔺 一些寄生在动物体内的致病微生物会随着动物粪便进入水体，直接或间接危害人类健康和影响渔业生产。

 ## 农产品加工污水

水果、肉类、谷物和乳制品的加工等是农业污水的第三个来源。在发达国家农产品加工污水量相当大，如美国食品工业每年排放污水约25亿吨，在各类污水中居第五位。

🔺 科学家研究发现，在水产养殖中即使是管理最好的养殖场，也有30％的饲料没有被鱼类吃掉，这些残存饲料产生的氮、磷等营养物质造成了严重的水污染。

 ## 水产养殖

水产养殖是人工控制繁殖、培育鱼、虾、蟹、贝类、海带、紫菜等水生动植物的生产活动，它可以使我们获得更多的水产品，是全世界60亿人理想的蛋白质补充来源。但是，水产养殖业也正在对环境和野生鱼资源构成严重威胁。

海洋生态系统的破坏

红树林是最富生物多样化的海洋生态系统，它具有防止水土流失、净化海水、预防病毒侵袭的作用。近年来，为发展滩涂养殖，人们常常砍伐红树林，对海洋生态系统造成了严重危害。

▲ 红树林是生长在热带和亚热带地区沿海沼泽的一种植物群，不仅有着重要的生态效益，而且是许多海洋生物栖息、繁殖的场所。

▲ 野生鱼

威胁野生鱼资源

由于人工养殖的鱼的饲料是由一些野生鱼制成的，因而大量尚在生长阶段的海鱼，尤其是凤尾鱼和鲭鱼被捕捞制成鱼粉。有统计数字显示，目前全球捕鱼量中的 8% 成了养殖场的饲料。水产养殖业使世界范围内野生鱼资源越来越少。

🥬 产生的影响

农业污水中的氮、磷等营养元素进入河流、湖泊、内海等水域,可引起水域富营养化;农业污水中的农药、病原体和其他有毒物质能污染饮用水源,危害人体健康;农业污水还可造成大范围的土壤污染,破坏自然生态系统,使生态系统内的物种失去平衡。

▲ 化肥

🥬 农业污染的特点

农业污染的特点是有机质、植物物质及病原微生物含量高,而且含较高量的化肥、农药。它污染的水体面积广、比较分散、难于收集、难于治理。

▲ 农业污水

水土流失

为华夏文明做出过巨大贡献的黄土高原，今天在人们的心目中似乎已成为荒凉、贫困和落后的同义语，导致这一现象的原因就是水土流失。水土流失是自然界的一种现象。水的流动，带走了地球表面的土壤，使得土地变得贫瘠，岩石裸露，植被破坏，生态恶化。

满目疮痍的黄土高原

黄土高原地区的水土流失面积达 45 万平方千米，占总面积的 70.9%，是我国乃至全世界水土流失最严重的地区。而1500 多年前的黄河中游也曾"临广泽而带清流"，森林茂密，群羊塞道。正是人类掠夺性的开发掠去了植被，带来了风沙，使水土流失把黄土高原刻画得满目疮痍。

发生水土流失的原因

水土流失发生的自然原因是地貌起伏不平、陡坡沟多、降水集中、多暴雨、地表土质疏松、植被稀少等，而人类毁林开荒、超载放牧、盲目扩大耕地、乱砍滥伐、破坏天然植被是造成水土流失的主要因素。

我和环保

我国的水土流失总面积已达356万平方千米，占国土面积的37%，每年流失土壤50亿吨，毁掉耕地100多万亩。其中，长江流域年土壤流失总量为24亿吨，黄土高原每年进入黄河的泥沙也多达16亿吨。

▼ 人们的大量砍伐树木的现象

黄河流域的变迁

黄河流域在公元前3000～前2000年时，地理环境非常适合植物的生长和人类的生活，关中平原直到战国时期依然"山林川谷美"。后来，由于人口的增加，无限制地开垦放牧，使森林毁灭，草原破坏，黄土高原被黄河卷走大量土壤，形成千沟万壑的地表形态。

 越垦越穷，越穷越垦

每年，黄河流域破坏耕地550万亩！更严重的是，水土流失使土壤的肥力显著下降，造成农作物大量减产。越是减产，人们就越要多开垦荒地，开垦荒地越多，水土流失就越严重，就这样，越垦越穷，越穷越垦。

◀ 黄土高原上被大量开垦的农田

 破坏土壤肥力

肥沃的土壤，能够不断供应和调节植物正常生长所需要的水分、养分（如腐殖质、氮、磷、钾等）、空气和热量。长江、和黄河每年流失的泥沙量共达26(40)亿吨。其中含有的机肥料相当于50个年产量为50万吨的化肥厂的总量。

 缩小的洞庭湖

由于风沙太多，湖南省洞庭湖每年有超过14平方千米沙洲露出水面。湖水面积由1954年的3 915平方千米缩减到1978年的2 740平方千米。更为严重的是洞庭湖水面已高出湖周陆地3米，这样它就丧失了为长江分洪的作用。

◀ 洞庭湖

淤积水库、阻塞河道、抬高河床

由于上游流域水土流失，汇入河道的泥沙量增大，当挟带泥沙的河水流经中、下游河床、水库、河道，流速降低时，泥沙就逐渐沉降淤积，使得水库淤浅而减小容量，河道阻塞而缩短通航里程，严重影响水利工程和航运事业。

 引发自然灾害

水土流失会引发许多自然灾害。在高山深谷，能引起泥石流灾害，危及工矿交通设施安全；在干旱和半干旱地区会加剧大气干旱及土壤干旱的危害。还有"悬河"，因为它全靠人工筑堤束水，每当洪水季节容易溃堤泛滥，危害人民的生命财产安全。

▲ 河道上游黄河

◀ 泥石流灾害

 "悬河"的诞生

每年被输入黄河的泥沙量居世界河流之冠。黄河下游400千米长的河床，每年因大量泥沙的沉积，河底抬高10厘米，现在已成为河底高出周围地面的一条"悬河"。

自然灾害多发区

长江上游云南、贵州、四川、陕西、重庆和湖北等省、区、市的 43 个县,是山洪、滑坡和泥石流等水土流失灾害发生最多、最频繁的地区。

▲ 甘肃泾川梯

 ## 污染水质

土壤中含有的大量的氮、磷、钾等养分会随着水土流失而污染水源,引起湖泊的富营养化。仅仅黄河每年所携带沙中含氮、磷、钾等的养分就达数亿吨,而其中绝大部分来自黄土高原。

▶ 黄土高原土质松散,富含氮、磷、钾等养分,干燥时坚如岩石,遇水则容易溶解。

生态环境恶化

20世纪30～60年代,人们认为水土流失仅仅会造成经济损失,但在60年代以后,人们开始认识到水土流失更能使生态环境恶化。土地退化,无法耕种,植物死亡,地表裸露,恶

⬛ 在黄土高原上,人们的生活用水现状令人担忧。

劣的生态环境还会导致气候变化,威胁人类的整个生存环境。

 小流域综合治理

全国水土流失涉及近1000个县,主要分布在西北黄土高原、江南丘陵山地和北方土石山区。在水如油、土似金的黄土高原上,人们顽强地种草种树、修建梯田、挖水平沟、打窑蓄水、进行小流域综合治理,甚至人们还会提着水去灌溉土地。

⬛ 黄土高原上干渴的土壤

生活污水何处去

人类生活中产生的污水是水体的主要污染源之一。随着我们生活水平的提高,这些污水的排放量也逐年增加。污水横流的情景常常出现在我们面前,又黑又臭的污水对环境的破坏是触目惊心的,生活污水的去向成了人们普遍关心的问题。

 ## 生活污水的成分

生活污水中含有大量有机物,如纤维素、淀粉、糖类和脂肪蛋白质等;也常含有病原菌、病毒和寄生虫卵等;生活污水中还含有无机盐类的氯化物、硫酸盐、磷酸盐、碳酸氢盐和钠、钾、钙、镁等元素。

▲ 铜矿的开采对水体污染

生活污水的危害

由于生活污水中含有大量的有机物质,直接排放到天然水中的生活污水会使水体富营养化,致使病菌、微生物、藻类大量繁殖,严重时水体会发黑发臭。污水严重影响生态环境,污水中的细菌、病毒还容易使人染上各种疾病。

 我和环保

洗衣粉是生活污水中的重要成员,因为洗衣粉中的磷会使江河里的水体富营养化,使水生浮游植物在短时间内大量繁殖,从而造成水质恶化,而无磷洗衣粉的出现则减轻了生活污水对环境的污染。

▽ 中水用于绿化

▲ 中水用于洗车

 ## 中水

对生活污水处理后的中水的利用价值很高,可以用作工业冷却水,市政和家庭清洁用水,城市绿化用水和湿地补充用水等。

酸雨

酸雨是随着大工业的兴起降临人间的。它主要是由大气中的二氧化硫、三氧化硫和氮氧化物与雨、雪作用形成硫酸和硝酸，再随雨雪降落到地面。现在，世界上很多地区降水的含酸量要比100多年前未受污染的雨水含酸量高出几十、几百甚至几千倍。

什么是酸雨

我们所讲的酸雨是指由于人类活动的影响，使得pH值小于5.65的酸性降水。随着近现代工业化的发展，这样的降水开始出现，并且逐年增多。它已经开始影响到人类赖以生存的环境以及人类自己了。

▲ 火力发电厂和工业锅炉中排放到大气中的酸性物质是形成酸雨的主要罪魁祸首。

最早的发现

1872年，英国科学家史密斯分析了伦敦市雨水成分，发现它呈酸性，而农村雨水中的酸性不大，郊区的雨水则略呈酸性，于是史密斯首先在他的著作《空气和降雨：化学气候学的开端》中提出"酸雨"这一名词。

 酸雨的形成

酸雨是人类在生产生活中燃烧煤炭排放出来的二氧化硫，燃烧石油以及汽车尾气排放出来的氮氧化物，经过一系列成云致雨过程而形成的。美国每年车辆排放的氮氧化物约占氮氧化物总量的50%以上。我国的氮氧化物主要来自火力发电厂。

▲ 汽车尾气也是形成酸雨的一大凶手。

工厂排放出二氧化碳、二氧化硫气体

化学气体在空中与水蒸气结合成云致雨

酸化的雨水降落到地面腐蚀植物、土壤及建筑

▲ 酸雨的形成过程

 关注酸雨

1972年，瑞典政府在联合国人类环境会议上提出了酸雨的报告，从此更多的国家开始关注酸雨，研究的规模也在不断扩大。

🌍 世界三大酸雨区

目前，世界上已形成了三大酸雨区，一是以德、法、英等国家为中心，涉及大半个欧洲的北欧酸雨区。二是包括美国和加拿大在内的北美酸雨区。我国在 20 世纪 70 年代中期开始形成了覆盖四川、广东、湖南、浙江、江苏和青岛等省市部分地区的世界第三大酸雨区。

🔺 和酸雨的形成一样，酸雪对一些建筑也造成了伤害。

🔻 被酸雨腐蚀的大理石雕塑

🌍 酸雨袭击

令人震惊的是，南极也观测到了酸雨，而且是比较强的酸雨。例如，我国南极长城站 1998 年 4 月曾先后 8 次观测到酸雨，长城站的铁质房屋和塔台被锈蚀得外层剥落，有的不得不进行更新，为了减缓腐蚀，每年要刷 2 ～ 3 次油漆。

对植物的危害

当酸雨降落到植物上，就会破坏植物叶子表面的蜡质保护层，干扰蒸腾作用和气体交换，进而向植物叶子内部扩散，使植物中毒，减弱其光合作用，降低种子的发芽率和产量，严重的会使植物中毒死亡。

▲ 受酸雨侵蚀过的松枝，松针变成了黄色。

▲ 曾经繁茂美丽的森林，由于酸雨的侵蚀，如今已变得稀疏惨淡了。

 对土壤的危害

酸雨还会毁灭土壤中的微生物，使有机物分解变慢，土壤板结，透气性差，从而影响植物的生长。酸雨还可以和土壤里的一些物质发生化学反应，如可以使土壤中的铝渗透出来，对生物产生毒害，酸化了的土壤中的养分也会大大流失。

 对人类的危害

根据科学家估计，因酸雨的危害，每年要夺走 7 500 ~ 12 000 人的生命。北欧某些国家的婴儿因饮用酸化的井水而腹泻不止，不少人还因酸雨得眼疾、结肠癌、老年性痴呆症以及其他一些疾病。

被酸化严重的湖泊就是一潭死水。

 "死亡湖"

酸雨还使许多原来生气勃勃的美丽湖泊变成水里无鱼遨游、水面不见水禽飞翔的"死亡湖"。在瑞典的 85 000 个湖泊中，已有 4 000 个被酸化，而且毁灭了其中的水生植物和鱼类。加拿大安大略省的 4 000 多个湖泊全部被酸化，鱼类几乎绝迹。

 酸雨对森林的危害

酸雨通过对植物叶、茎的淋洗直接伤害或通过土壤的间接伤害，促使森林衰亡。酸雨还诱使病虫害暴发，造成森林大片死亡。欧洲每年排出 2 200 万吨硫，毁灭了大片森林。我国四川、广西等省区已有 1 000 多平方千米的森林濒临死亡。

在欧洲，成片的森林因酸雨的袭击而枯萎死亡。

△ 被酸雨侵蚀的乐山大佛

对建筑的危害

酸雨对石料、木料、水泥等建筑材料有很强的腐蚀作用，世界上许多古建筑和石雕艺术品都遭到了酸雨的腐蚀破坏，如我国的乐山大佛。酸雨还能直接危害电线、铁轨、桥梁和房屋。

变色的泰姬陵

大理石含钙特多，因此最怕酸雨侵蚀。世界著名的文化遗产——印度的泰姬陵由于大气污染和酸雨的腐蚀，大理石失去光泽，乳白色逐渐泛黄，有的变成了锈色。

△ 泰姬陵

 修复自由女神像

酸雨同样也腐蚀金属文物古迹。例如，著名的美国纽约港自由女神像，钢筋混凝土外包的薄铜片因酸雨而变得疏松，一触即掉，因此不得不进行大修。

 酸雨的防治

控制酸雨的根本措施是减少二氧化硫和氮氧化物的排放。世界上酸雨最严重的欧洲和北美许多国家都已经采取了积极的对策，如优先使用低硫燃料、改进燃煤技术、开发太阳能、风能等。

◀ 自由女神像

 汽车尾气净化

应用甲醇、液化气等干净的燃料代替汽油、给汽车安装尾气净化器，都能降低汽车尾气中氮气的排放量，还有电动汽车的诞生也能减少空气中氮氧化物的含量，达到防止酸雨的目的。

▲ 欧洲部分国家颁布了一些政策性奖励，鼓励人们骑自行车出行，这样可以减少街面上的汽车尾气排放。

酸雾

酸雾是雾在形成过程中与酸性气体经过碰撞、吸收、溶解、氧化等过程后形成的。这些酸性气体包括如二氧化硫、硫酸、硝酸、盐酸等，酸雾常常具有强烈的腐蚀性和强烈的刺激性气味。

 如果人类经常吸入酸雾，就易得各种疾病；如果植物经常在酸雾中，植物叶子会因"氧化硫等气体过多而枯死"。

强烈的酸性

酸雾具有强烈的酸性，有时它的酸度是酸雨的几十倍。原因是雾在地表气层中形成，而该气层中空气污染最严重,雾滴含水比雨滴少得多,所以几乎不能像雨滴那样对酸稀释。

酸雾净化塔

酸雾净化塔是一种设备，它可以将酸性气体吸入塔内，然后经过一系列化学反应后，释放出清洁的空气。它常常被用在化工、印染、医药、钢铁、机械、电子等工业部门,用来吸收净化这些部门生产过程中排放出的酸性气体。

 酸雾净化塔

53

恢复生机的泰晤士河

泰晤士河被誉为英国的"母亲河"，它哺育了灿烂的英格兰文明。伦敦的主要建筑物大多分布在泰晤士河的两旁，威斯敏斯特大教堂、伦敦塔桥等，每一幢建筑都称得上是艺术的杰作。英国的政治家约翰·伯恩斯曾说：泰晤士河是世界上最优美的河流。

🌍 地理概况

泰晤士河是英国最长的河流。它发源于英格兰的科茨沃尔德山，河水从西部流入伦敦市区，最后经诺尔岛注入北海，全长340千米，通航里程为309千米。

🌍 受到污染

19世纪之前，泰晤士河还非常清澈，但工业革命的兴起及两岸人口的激增，大量的城市生活污水和工业废水未经处理直接排入河中，水质严重恶化。夏季，河水臭气熏天，致使沿河的国会大厦、伦敦钟楼等不得不紧闭门窗。

▲ 泰晤士河

中毒事件和霍乱流行

1878年，"爱丽丝公子"号游船在泰晤士河上不幸沉没，造成640人死亡。事后调查发现，大多数遇难者并非溺水而死，而是因河水严重污染中毒而死亡的。19世纪50年代末，泰晤士河的污染进一步恶化，爆发的霍乱使滨河地区约2.5万人死亡。

 #### 我和环保

经过先后100多年的治理，特别是英国政府最近几十年的艰苦努力，如今的泰晤士河已由一条死河、臭河变成了世界上最洁净的城市水道之一，泰晤士河终于又焕发了生机。

治理污染

虽然19世纪后期人们已开始治理泰晤士河，但直到20世纪60年代初，英国政府才痛下决心全面治理泰晤士河。目前，泰晤士河沿岸的生活污水都要先集中到污水处理厂处理后再排入泰晤士河。

▲ 泰晤士河

保护我们的地球

化学污染

在正常情况下，水中元素和化合物含量很低，不会影响到我们的使用，但人类不断地向水中排放废弃物和污水，使水中的化学物质愈来愈多。据估计，有些水中化学物质种类已达 100 多万种。因此，化学污染物是当今世界性水污染中最大的一类污染物。

 污染物的分类

化学污染物可分为无机污染物质、有机有毒物质、植物营养物质、油类污染物质等几类。生活与工业污水中的含氮、磷等植物营养物质以及农田排水中残余的氮和磷属于植物营养物质，石油对水体的污染属于油类污染物质。

▶ 冶金、机电、造纸、制革、石油、农药、化肥、食品、印染、选矿等工业废水所含的污染物种类多、毒性强，是化学水污染的主要来源。

意外污染

　　还有因为意外事故而造成河流污染的现象,比如一辆运输有毒物质的卡车不小心掉入河流中,有毒物质外泄,就会污染河流。这种污染对下游沿河居民有很大的威胁,因此被污染河流河水在一段时间里不能饮用。

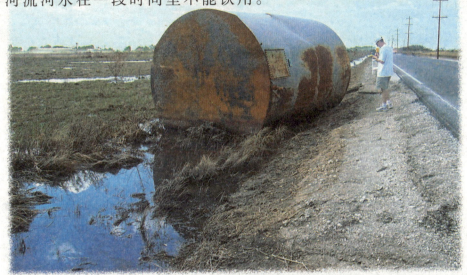

▲ 一辆装有化学液体储罐的卡车倾翻后,储罐内的化学液体流了出来。如果处理不善,必定会对附近的土壤和水源造成污染。

 造成的危害

　　化学物质引起水污染的后果是非常严重的。剧毒物质会使水中的生物中毒、发生基因突变、导致畸形、影响胚胎发育和鱼苗成活率等。剧毒物质还会通过食物链影响其他生物的生存,比如有些鸟类会因此趋于灭绝。污染还会使水体失去旅游、观光和疗养的价值。

▲ 一条被造纸厂的污水污染了的河流。不仅使河水沿岸的生态环境遭到破坏,还可能会污染地下水资源。

水俣病与痛痛病

20世纪中期,战后日本的经济迅猛发展,一跃成为了世界经济强国。不过,它们也为此付出了惨痛的代价,因环境污染导致的水俣病、痛痛病的出现就是最典型的例子。怪病出现后,各种流言和猜测笼罩着周围地区,人们很长一段时间都生活在恐怖的气氛中。

怪病出现

1953年,在日本九州熊本县的水俣镇出现了许多奇怪的现象。首先是出现了大批病猫,这些猫疯了一般,步态蹒跚,身体弯曲,纷纷跳海自杀。不久又出现了一批莫名其妙的病人,病人开始时口齿不清,表情呆滞,后来发展为全身麻木,精神失常,最后狂叫而死。

▲日本水俣湾

▲水俣病患者

我和环保

汞也称为水银，是我们常用的体温计里显示度数的银白色金属，它是一种剧毒的重金属，具有较强的挥发性。

 痛痛病

痛痛病发生在日本富山县，患了痛痛病的人，主要症状为骨质疏松，骨骼萎缩。曾有一个患者，打了一个喷嚏，全身多处发生骨折。因为患者疼痛遍及全身，痛痛病因而得名。痛痛病在当地流行 20 多年，造成200多人死亡。

发病原因

 元凶是汞

因为这种症状最早出现在水俣湾，所以被命名为"水俣病"。1968 年 9 月，人们最终确认此病是由于当地的氮肥厂将含汞的工业废水排入水俣湾引起的。汞沉到海底，经食物链在鱼类和贝类体内富集，猫和人长期吃了这种含汞的鱼类和贝类，最后发生慢性中毒。

水俣病和痛痛病的例子既令人心痛又令人气愤，但是直到现在，一些发展中国家的人们对环境的现状仍未产生清醒的认识。上图为一位印度妇女在用工厂的废水浇灌自己的菜园。

原来，日本富山县有条神通川河，当地居民都饮用这条河的水，并用河水灌溉两岸的庄稼。神通川河上游分布着矿产品冶炼厂，冶炼厂的废水中含有较多的镉，镉随废水流入河中，污染了整条河，人们食用了被镉污染的鱼和庄稼后就会发生镉中毒，因而会生"痛痛病"。

污水处理

随着经济的发展和人口的增长，人们逐渐认识到水并不是取之不尽用之不竭的自然资源，而严重的水污染又使水资源的短缺雪上加霜。所以，污水处理成了我们必须掌握的一门技术。

我国污水处理现状

近年来，我国城市的污水处理率已经显著提高，其中100多个城市的污水处理率已达到或接近 70%。600 多个城市共建成污水处理厂近 800 座，再生水利用量每年近 20 亿立方米。但是，全国还有许多个城市没有建成污水处理厂。

△ 污水处理厂

处理方法

污水处理的方法比较复杂，一般要通过三种方法，即物理方法、生物方法、化学方法才能获得净化，其中生物方法是污水处理的核心。

▲ 污水处理厂的二级沉淀池。

物理处理法

物理处理法主要是分离水中不溶解的悬浮固体和漂浮物质。大颗粒的物质常用格栅和格筛截留，细颗粒一般用沉淀法去除，比水轻的物质用隔油池来去除。

我和环保

活性污泥法也属于生物处理法，它是利用活性污泥（含水率99%以上）中大量的微生物来吸附和氧化污水中的有机物质，最后使污染物以剩余污泥的形式排出，使污水得到净化。

化学处理法

化学处理法是向污水投入某些化学药品，让这些药品与污染物进行化学作用，使污染物凝聚，然后再通过吸附、沉淀就可以净化。化学法的成本较高，所以一般只用在不能用其他廉价方法处理的工业废水中。

生物处理法

生物处理法是通过微生物的作用，将污水中各种复杂的有机物氧化降解为简单的物质。经过生物方法处理的污水能比较彻底地去除污水中的悬浮物、胶体物及可溶性有机物，这样就不会严重污染水体。

 处理污泥

工业污水中的物质复杂，所以产生的污泥也很复杂，有的甚至还有很大的毒性，一般先回收有用部分，变废为宝，然后再将有害部分作填埋处理。生活污水处理后的污泥经消毒后就可以当作肥料使用。

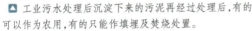
🔺 工业污水处理后沉淀下来的污泥再经过处理后，有的可以作为农用，有的只能作填埋及焚烧处置。

城市污水处理

城市污水的处理方法一般根据城市污水的利用或排放去向，还要考虑水体的自然净化能力，再确定污水的处理程度及相应的处理方法。处理后的污水，无论用于工业、农业或是回灌补充地下水都必须符合国家颁发的有关水质标准。

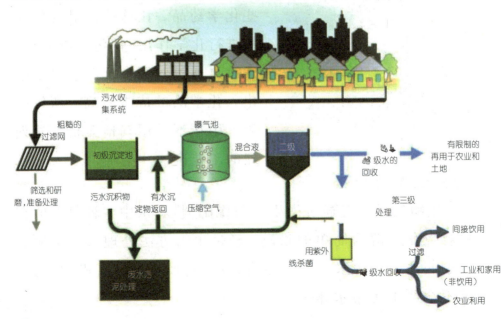

二级处理最广泛

因为三级处理的费用高,除了在一些极度缺水的国家和地区外,应用比较少。目前,我国许多城市正在筹建和扩建污水二级处理厂,用来解决日益严重的水污染问题。

 水处理厂的曝气池一般和沉淀池组成联合工艺流程。设置在曝气池前面的称初次沉淀池,设置在曝气池后面的称为二次沉淀池。分别用于废水的预处理和后处理。

 分级处理

根据污水的处理程度可以分为一级、二级和三级。一级处理为预处理,二级处理为主体,处理后的污水一般能达到排放标准。三级处理为深度处理,出水水质较好,甚至能达到饮用水质标准。

经过处理的污水的用途

污水经过处理后可以浇灌农田、菜地、喷洒道路、冲洗汽车,而且还可以作为人工河流补充用水和人工喷泉等景观用水。但是,经过一般处理的污水还是不能作为饮用水。

海洋污染

浩瀚的海洋是地球上最大的水体，它占据了地球约71%的表面积。海洋宽广的胸怀为人类提供了丰富的资源和宝藏。条条江河汇大海，海洋又以它来者不拒的姿态成了众多污染物的最终归宿。

四大洋

我们从世界地图上很容易找到四个大洋的位置，从我国的东海岸向东，依次是太平洋、大西洋、印度洋和北极的北冰洋，它们约占地球水体的97%，对地球环境变化影响很大。

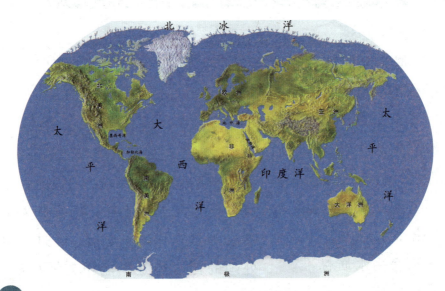

受到污染

人类一直都把浩瀚的海洋直接或间接地作为废物处理场所。但是,尽管海水是丰富的,然而海洋的自净能力并不是无限的,一旦生活污水和工业废物向海洋的排放量超出了其自净能力,海洋就要受到污染。

△ 沿海地区的海水污染状况最为严重,一些工业、生活污水未经处理直接被排入海水中。

 我和环保

世界上污染最严重的海域有波罗的海、地中海、东京湾、纽约湾等。就国家来说,沿海污染严重的有日本、美国和欧洲国家。我国的渤海湾、黄海、东海和南海的污染状况也相当严重。

污染物的种类

海洋污染物的种类比较复杂,主要包括石油及其产品、金属和酸、碱、农药、放射性物质、生活污水,还有固体废物等。它们不但破坏海滨环境,危害海洋生物,而且有些有害污染物还会通过食物链危害人类健康。

发生污染的海域

海洋的污染主要是发生在靠近大陆的海湾。由于密集的人口和工业,大量的废水和固体废物倾入海水,加上海岸曲折造成水流交换不畅,使得海水的温度、含盐量、透明度、生物种类和数量等发生改变,对海洋的生态平衡构成危害。

△ 随着世界经济的发展,为了便于运输,一些工厂被建造在沿海地带,这样就加重了海洋的污染状况。

▲ 海边的杂物

 海洋污染的特点

海洋约占地球表面积的71%，是地球上最大的水体。由于海洋的特殊性，海洋污染与大气污染和陆地污染有很多不同，有其突出的特点。

 污染源多而复杂

人类所产生的废物不管是扩散到大气中，丢弃到陆地上，还是排放到河水里，由于风吹、降水和江河径流最后都会进入海洋。

▲ 高高的烟囱不断地向大气排放污染物

危害性大

海洋是各地区污染物的最终归宿,污染物进入海洋后再也没有其他场所可以转移了,所以,一些不能溶解和不易分解的污染物(如重金屑和有机氯农药等)便在海洋中积累起来,数量逐年增多,并迁移转化而扩大危害。

⬆ 沉在海底的泰坦尼克号至今都未能消融

污染范围大

世界上的各个海洋是互相沟通的,浩瀚的大海时刻在运动着,污染物在海洋中可以扩散到很远很远的海域。

保护海洋

海洋受到污染,会破坏海洋生态平衡,损害水产资源,危害人类健康,因此,保护海洋环境是全人类共同的责任。

石油泄漏

有时候，我们会在电视上看到这样的画面：往日金色的沙滩已成为一片黑色，海边礁石被乌黑的原油包裹，大片被原油浸泡过的海藻像烂棉絮一样分散在黑油油的海滩上，沾满油渍的海鸟拖着沉重的步伐，喘着粗气不住地挣扎……这就是石油泄漏给海洋带来的严重灾难。

石油开采中发生的污染

沿海油田在石油的开采和加工过程中常会有石油及石油产品散落在地面上，而更直接的污染是海上采油过程中经常发生的井喷或泄漏事故。

▲ 海洋石油

自然漏出

在世界上的许多的海底都会自然的冒出原油，这也造成了石油污染。根据科学家估计，每年全球海底自然漏出的石油约在20万～600万吨之间。

沿海炼油厂的排水

在不产油的地区，人们会将炼油厂设在沿海地区，方便原油的输入。炼油厂排放的废水，无论是否经过处理，都会污染水源。

 油轮意外事故造成的是有污染

 油轮意外事故

油轮污染属于最严重的海水污染。当油轮因碰撞、搁浅或是船身的损坏都会造成相当程度的海水污染。油轮事故通常发生在离海岸 50 海里距离内的几率最高，大概占了油轮碰撞事件的 80%。

我和环保

2002 年 11 月 19 日，"威望"号油轮在西班牙西北部海域失事并沉没，这艘油轮上共装有 7.7 万吨燃油，沉没后泄漏出数万吨。据环境学家估计，这将成为历史上最严重的一次原油泄漏事件。

对海洋植物的危害

油膜使透入海水的太阳光减少,影响海洋植物的光合作用。高浓度的石油会降低微型藻类的固氮能力,阻碍其生长,最终导致其死亡。

石油渗入大米草和红树等较高等的植物体内,会改变其生理机能,严重的会导致其死亡。

▼ 被石油污染的鸟

对海洋动物的危害

油污粘在海兽的皮毛和海鸟的羽毛上,它们就不能调节自身的体温,也会失去游泳和飞行的能力,黏度大的油会堵塞水生动物的呼吸和进水系统,使之窒息死亡。油膜和油块还能粘住大量鱼卵和幼鱼,使鱼卵死亡或者孵化出畸形的小鱼。

对人类的危害

　　海水中含有的石油及石油氧化物污染了海水，使沿海地区的海盐、海洋化工等生产受到影响，还会污染沿海地区的地下水。人们食用了被石油污染的海产品会造成慢性中毒，甚至危及生命。

▶ 海洋拥有非常丰富的生物资源。全世界从海洋中捕捞的 6 000 万吨水产品中，90%都是鱼类。

 处理石油污染

　　处理海洋石油污染应该首先用"围油栏"将浮油阻隔起来，防止其扩散和漂流，然后用各种物理方法把围起来的石油尽量多回收一些，对剩下的无法回收的部分再用化学方法和生物方法处理掉。

▼ 处理石油

赤潮

赤潮是海洋中某一种或某几种浮游生物在一定环境条件下爆发性繁殖或高度聚集引起海水变色，影响和危害其他海洋生物正常生存的灾害性海洋生态异常现象。赤潮虽然自古就有，但随着工农业生产的迅速发展，水体污染日益加重，赤潮也日趋严重。

赤潮的特征

赤潮并不一定都是红色，根据它发生的原因、种类和数量的不同，水体会呈现不同的颜色，有红色、绿色、黄色、棕色等。但是，某些赤潮生物引发的赤潮并不引起海水呈现任何特别的颜色。

▼ 赤潮

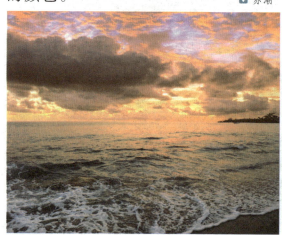

自然原因

海区的地理位置、地形特征、水文、气象、海流、海况等是形成赤潮的自然因素。如强台风、大暴雨后盐度下降，气温、水温、气压升高都可以成为赤潮形成的条件。

主要原因

工业废水和生活污水大量排入海中,使海水中氮、磷、铁、锰等元素以及有机化合物含量大大增加,促使一些海洋生物大量繁殖是形成赤潮的主要原因。

 我和环保

目前,赤潮已成为一种世界性的公害,美国、日本、中国、加拿大等30多个国家和地区赤潮的发生都很频繁。赤潮的全球性危害已引起国际社会和科学家的高度重视。

 赤潮的分类

有毒赤潮生物体内含有某种毒素或能分泌出毒素,它们形成的赤潮对生态系统、海洋渔业、海洋环境以及人体健康会造成不同程度的毒害。无毒赤潮生物体内不含毒素,也不分泌毒素,对海洋生态、海洋环境、海洋渔业也会产生一些危害,但不会产生毒害作用。

🔷 引起赤潮的红色藻类微生物

 赤潮生物

海洋浮游藻是引发赤潮的主要生物,在全世界4 000多种海洋浮游藻中有260多种能形成赤潮,其中有70多种能产生毒素。

🔷 退潮后,留在海滩上的红藻。

贝毒

由赤潮引发的赤潮毒素统称贝毒，目前确定有 10 余种贝毒的毒素比眼镜蛇毒素高 80 倍，比一般的麻醉剂，如可卡因还强 10 万多倍。赤潮毒素引起人体中毒事件在世界沿海地区时有发生。

 赤潮的形成破坏了海洋的生态环境，导致海中大量生物死亡。上图为红藻和因赤潮而死亡的水母。

对海洋生物的危害

有些赤潮生物分泌的黏液粘在鱼、虾、贝等生物的鳃上，会妨碍它们呼吸，最终导致窒息死亡。而有些赤潮生物体内或代谢产物中含有的生物毒素能直接毒死鱼、虾、贝类等生物。

▲ 因赤潮而死的鱼类

对人类的危害

赤潮生物分泌的毒素有些可以通过食物链传递，造成人类食物中毒，严重的会导致死亡。据统计，全世界因赤潮毒素的贝类中毒事件约300多起，死亡300多人。

▶ 赤潮中有毒的微生物污染了海里的贝类、牡蛎，如果人类食用了这些有毒的海鲜，也会导致中毒或死亡。

 防范赤潮发生

加强海洋环境保护，控制沿海废水废物的入海量，特别要控制氮、磷和其他有机物的排放量，避免海区的富营养化是防范赤潮发生的一项根本措施，如果人类无止境地向大海排污弃浊，最终失去的将是壮丽的大海，受到大自然惩罚。

▲ 鲸豚遭遇赤潮后可能会因中毒而搁浅。

水的自我净化

河流、湖泊和小溪中的水都是流动的,人们常说"流水不腐"的意思就是自然界中的水在循环过程中具备一种自我净化的能力,使得自然界总保持有一定量的干净清洁的水,供所有的生物使用。

 河流的净化

当污水流入河流中,河流就会被污染。进入河流中的污水首先被河水混合、稀释和扩散,而污染的河段还在一直不停的向前奔流,最终汇入大海,河流就实现了自身的净化。

运动的海水

浩瀚的海水无时无刻不在运动着，当污染物质进入海洋后，有的漂浮于水面，有的悬浮在海水中，有的溶于海水之内，还有的沉降于海底沉积物中。污染物不论存在形式如何，在海水中都进行着物理、化学和生物变化。

▲ 海水的运动加快了海洋的自净能力。

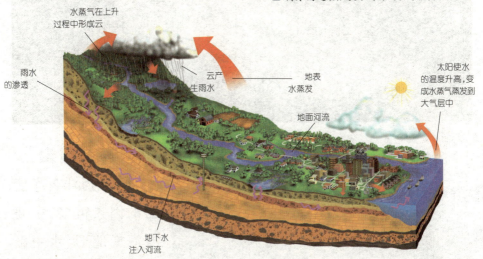

水蒸气在上升过程中形成云

雨水的渗透

云产生雨水

地表水蒸发

地面河流

太阳使水的温度升高,变成水蒸气蒸发到大气层中

地下水注入河流

▲ 在自然界中,水的大、小循环交织在一起,如同地球的血液,流动在地球的各个角落里,使地球具有活力,也充满了生机。

 自净能力

海洋通过自身的物理、化学及生物作用,将污染物质的一部分或全部吸收、沉积、降解、稀释或转化,使环境恢复到原来的状况,这就是海水的自净能力。

天然净化地

　　陆地上的主要江河最终流入大海，它们携带的污染物也会进入大海，要么沉积，要么消失，因此海洋是陆地污染物的天然处理场。但是如果江河带入了过多的污染物，海洋不仅无法消除污染，自身也可能遭到污染。

▲ 20世纪50年代以后，随着现代化工农业的发展，人口的剧增，海上活动的频繁致使大量生产、生活的废弃物无节制地排入海洋，导致海洋的严重污染，各个海域频频告急。

影响因素

　　影响海洋自净能力的因素很多，主要有海岸地形、水中微生物的种类的数量、海水温度和含氧状况以及污染物的性质和浓度等。当然，海域空间越大，海水自净能力越强。

▲ 石油的污染

▲ 水生植物具有重要的生态恢复功能,水草茂盛时水质清澈;水草缺乏则水质浑浊,水生动物也稀少。

 其他因素

水体自净作用的强弱还受到其他许多因素的影响,比如水质、水温、水的流量、流速以及河流的弯曲复杂程度,等等。

 我和环保

污染物中容易氧化的物质通过水中的氧气进行氧化;有机物通过水中微生物进行生物氧化分解。这样,当经过一定时间,河水流到一定距离时,河水就恢复到原来的清洁状态,这就是河流的自净作用。

难净化的物质

海洋和地面水对于一般自然出现的有机物质都具有很强的自净能力,但对于合成洗涤剂、有机氯农药等有机化合物质和诸如氰化物、重金属类、放射性物质等有毒物质,自净作用则非常有限,这些物质很难降解、净化。

79

消失的瀑布

期以来,塞特凯达斯瀑布一直是巴西和阿根廷人民的骄傲。世界各地的观光者纷至沓来,在这从天而降的巨大水帘面前,游客置身于细细的水雾中,感受着世外桃源的清新空气,常常陶醉不已,流连忘返。

🌍 塞特凯达斯瀑布

塞特凯达斯瀑布又名瓜伊雷瀑布,宽3 200米,被岩石分割成18股飞流,年平均流量达每秒13 300立方米,是世界上已知的流量最大的瀑布,也是最宽的瀑布之一。

▼ 塞特凯达斯瀑布

大瀑布的消失

20世纪80年代初，在塞特凯达斯瀑布上游建立起一座当时世界上最大的水电站——伊泰普水电站。水电站的拦河大坝截住了大量的河水，使得瀑布的水源大减，周围国家的许多工厂用水毫无节制，同时沿河两岸的森林被乱砍滥伐，水土大量流失，大瀑布水量逐年减少。

▲ 伊泰普水电站

 唤起人们的责任心

几年过去，塞特凯达斯瀑布已经逐渐枯竭。科学家们预测，过不了多久，瀑布将完全消失。消息传开，许许多多的人都感到震惊和痛心，同时也唤起了人们保护环境的责任心。他们痛苦地接受了现实，纷纷加入到全世界宣传"保护环境，爱护地球"的行动中。

▼ 塞特凯达斯瀑布

节约用水

我们已经知道，地球上能够被利用的水资源是非常有限的，全世界的许多地区都面临水资源短缺的问题，随着污染的加剧，水资源愈来愈匮乏。节约用水，人人有责。只有大家都注意节水了，水荒才能远离我们而去，生活才会安定和谐，环境才会优美舒适。

节水不是不用水

节水不是不让用水，而是要合理地用水，高效率地用水，不要浪费。专家们指出，就目前到处存在浪费的情况来说，运用今天的技术和方法，农业可以减少10%～50%的需水，工业可以减少40%～90%的需水，城市减少30%需水，都丝毫不会影响经济水平和生活质量。

▽ 在农业生产上，改变"大漫灌"的灌溉方式，大力发展节水灌溉技术，可以大幅度节约田间灌溉用水，提高水的利用率。

 用节水型的喷嘴浇灌绿化带可以减少水的浪费。

🌱 用节水器具

　　节约用水采用节水器具很重要,也最有效。节水器具种类繁多,有节水型水箱、节水龙头、节水马桶等。如果家里厕所的水箱容量大,可在水箱里放一个装满水的大可乐瓶或其他容器,这样可减少每次的冲水量。

🌱 以色列的节水马桶

　　以色列是个严重缺水的国家。以色列的节水技术堪称一绝,其生产的节水设备已经出口到很多国家。以色列的抽水马桶上有一小一大两个按钮,分别用于大小便后冲水,冲水量相差一半。

 上图为澳大利亚的一款节水型马桶:洗过手的水还可以用于冲马桶。

节水标语

水是生命的源泉、农业的命脉、工业的血液！

节约用水、保护水资源，是全社会共同责任。

世界缺水、中国缺水、城市缺水，请节约用水。

惜水、爱水、节水，从我做起。

珍惜水就是珍惜您的生命。

浪费用水可耻，节约用水光荣。

水是不可替代的宝贵资源。

雨水收集

从天空落下的雨水是大自然赐予我们的甘霖，要是就这样让它们白白流走，岂不是太可惜了？不仅在一些干旱地区，包括西欧一些雨水充沛的国家，人们制造各种设施留住雨水，让雨水为人类服务。

🔺 雨水收集

▲ 地下储雨池

 地下储雨

在干旱和半干旱地区，人们会在地下建一个储藏室，这个储藏室一般建在地势低的地方，有的储藏室还有引导雨水的水沟和管道，雨水沿着水沟和管道流进储存室储存起来，供人们利用。这些地区降雨量一般很少，所以也不会将储藏室灌满而溢出来。

▶ 雨水收集

 地上储雨

人们将铁桶、塑料罐等容器直接接在雨落管上收集雨水，所收集的雨水主要用于庭院洒水、浇灌花草。这种收集雨水的方法适合一般居民楼、平房或四合院采用。

▲ 停车场采用的能够收集雨水的新型透水植草砖

 地面渗透储雨

把不透水的地面砖换成透水砖,通过透水砖的孔隙吸收雨水。北京奥运森林公园内的人行路及广场上都铺装了 14.4 万平方米先进的透水材料,停车场采用新型透水植草砖,均可实现雨水的回收利用。

雨水净化

储存的雨水除了农业灌溉外,人类还可以使用。但是需要净化,去掉水中的杂质和对人体有害的物质,这样才能使用。国家游泳中心利用其屋顶对雨水进行收集、调蓄、过滤、消毒等处理后回用,处理后的雨水用于水环境和冷却塔,每年可回用雨水 1 万余立方米。

▲ 水立方的材料不仅环保节能,而且具有自洁功能,利用雨水即可冲刷气枕上的灰尘、杂物,而且不会留下水痕。

以色列的滴灌技术

滴灌技术是以色列最著名的节水灌溉技术。该国 80%以上的灌溉农田都应用滴灌，10%为微喷，5%为移动喷灌。以色列人发明的滴灌还能根据作物种类和土壤类型设置滴灌控制系统，使田间的用水效率得到显著提高。现在，以色列滴灌设备生产者每年都会推出 5～10 种新产品。

以色列是一个沙漠化的国家，水资源极度贫乏。节水灌溉在以色列无处不在，他们的滴灌系统对水的有效利用率达到了 95%，节水灌溉技术处于世界领先地位。

放跑雨水要收费

德国制定了一系列有关雨水利用的法律法规。如目前德国在新建小区之前，无论是工业、商业还是居民小区，均要设计雨水利用设施，若无雨水利用措施，政府将征收雨水排放费。

在西方一些国家，不少城市已经建立起完整的雨水收集利用系统。居住在独栋楼房里的住户，有雨水收集利用的便利条件：雨水收集后系统储存，应用于灌溉、冲厕、冲洗车辆以及补充景观水等。

保护水环境

面对日益严峻的水资源短缺问题,保护水环境已成为全世界人民的共识。目前,世界各国纷纷采取措施保护水资源,主要途径有:节约和合理用水,减少对水资源的浪费;防止和治理水污染;植树造林,防止水土流失等。保护水环境已成为我们刻不容缓的任务。

建立水资源管理机构

世界各国建立了不同类型的水资源管理机构,一些国际性水域,如莱茵河、多瑙河及北美五大湖都成立了相应水源保护组织。我国的水资源保护工作始于20世纪70年代中期,已经颁布了《中华人民共和国环境保护法》《中华人民共和国水污染防治法》和《中华人民共和国水法》等相关法律。

△ 植树

大力发展绿化

大力发展绿化,增加森林面积。森林有涵养水源、减少蒸发及调节小气候的作用,林区和林区边缘还有可能增加降水量。所以,植树造林是我们义不容辞的责任。

开发利用污水资源

　　城市开发利用污水资源，发展中水处理，污水回用技术。城市中部分工业生产和生活产生的污水经过处理净化后，可以达到一定的水质标准，作为非饮用水使用在绿化、卫生用水等方面。

▲ 中水可以作为非饮用水使用，如洗车、喷洒绿地、冲洗厕所、冷却用水等。

 世界各国的节水行动

　　地处干旱地区的科威特、沙特阿拉伯致力于开发海水淡化技术和运用先进的农业滴灌技术；在雨水充沛的印度国内，全民行动起来收集雨水；日本、德国等国家不断开发先进的节水型产品等，世界各国的人们都行动了起来，积极参加节水行动。

▲ 节约用水

 强化保护意识

　　我们的生活离不开水，社会的进步还会产生污水，所以我们必须树立保护水环境的意识，时时刻刻注意节约水资源，尽最大努力减少污水对环境的破坏。行动起来吧，保护水资源，造福于子子孙孙，否则，剩下的最后一滴水就是我们的眼泪了。

保护我们的地球
水 与 水 资 源